ONDAS SIN LÍMITES

ONDAS SIN LÍMITES:
FRONTERA E INTERFERENCIAS
un romance peligroso

CAROLINA RAMÍREZ
@MujerSeguridad

Ondas sin límites
FRONTERA E INTERFERENCIAS: UN ROMANCE PELIGROSO

Carolina Ramírez

2024

CAROLINARAMÍREZ

Introducción: La magia de las ondas

¿Alguna vez te has preguntado cómo es posible que, en un rincón remoto de la frontera, estés escuchando una emisora de radio que debería estar en el otro lado del mundo? O mejor aún, ¿cómo es que tu teléfono, sin que te des cuenta, empieza a cobrarte como si estuvieras en el extranjero solo porque te encuentras cerca de la línea divisoria entre dos países? Bienvenido al fascinante y a veces caótico universo del espectro radioeléctrico en la frontera dominico-haitiana.

Imagina que el espectro radioeléctrico es como un vasto océano de ondas invisibles donde las frecuencias navegan como barquitos. En un mar de más de mil estaciones de radio y televisión, y con solo una franja finita para que cada una tenga su lugar, ¡la cosa se pone difícil!

En la República Dominicana, el Instituto Dominicano de Telecomunicaciones (INDOTEL) nos cuenta con lujo de detalles que tenemos unas 381 estaciones de radio legales registradas: 235 en Frecuencia Modulada (FM) y otras 146 en Amplitud Modulada (AM). Eso sí, solo si contamos las que andan por el carril derecho. Porque, según la Asociación Dominicana de Radiodifusoras (ADORA), hay un corito de emisoras ilegales que pasa de las 100 y que, digamos, han decidido "hacer la suya".

Mientras tanto, del otro lado de la isla, en Haití, el Consejo Nacional de Telecomunicaciones (CONATEL) ha logrado registrar 350 estaciones legales, pero han identificado unas 347 emisoras ilegales que, como quien dice, andan sueltas en banda.

Y así llegamos a una especie de relajo radiofónico con más de

1,000 estaciones sonando en la banda de 88-108 MHz en FM y 535-1705 kHz en AM. Y todo esto en una islita que poco más de 22 millones de habitantes mal contados y 76,000 km². ¡Parece que aquí nos gusta hablar tanto que hasta las ondas andan pisándose los talones!

En ambos lados de la isla, los jugadores del dial se han lanzado en una carrera por apoderarse del máximo número de frecuencias de radiodifusión. Mientras algunos hacen las cosas por la vía legal y se ajustan a las normas, otros, con un espíritu más aventurero, montan sus transmisores de FM en cualquier esquina y operan en la banda de 88-108 MHz con total desprecio por la legalidad. Este entusiasmo desmedido ha convertido la franja en una comparsa de interferencias, donde las ondas se pelean entre sí como si fueran un grupo de amigos en un karaoke.

Un Mapa de Interferencia reciente, cortesía de la Gerencia Técnica del INDOTEL, revela que unas 80 estaciones de radio haitianas están haciendo eco en las comunidades del lado dominicano de la franja fronteriza, mientras que 33 emisoras dominicanas también se han aventurado a cruzar la frontera y hacer su propio ruido en territorio haitiano. Esta mezcla de frecuencias está creando una situación más complicada que un rompecabezas con piezas de más, y la solución parece más enredada que los cables de un radiotransmisor antiguo.

Así, tanto la República Dominicana como Haití están lidiando con un cóctel de problemas en telecomunicaciones que incluye fraude telefónico, interferencias radiales y el aumento de potencias ilegales por parte de compañías de telecomunicaciones. ¡Todo un festival de caos en el mundo de las ondas!

Ahora, poniéndote en contexto: la frontera entre la República Dominicana y Haití es el epicentro de esta regata descontrolada de ondas. Aquí, el espectro radioeléctrico se convierte en un juego de Tetris donde las piezas no encajan y, en lugar de líneas que desaparecen, se amontonan creando un verdadero revolú.

La saturación de frecuencias no es solo un problema técnico, es como si todos los invitados a la fiesta decidieran bailar merengue en la misma esquina de la pista. Es un desorden total. Cada frecuencia tiene su propio espacio, pero cuando se amontonan demasiadas, se arma un caos.

Y como si esto no fuera suficiente, tenemos a las emisoras clandestinas, que son como piratas en el mar de ondas. Estas transmisiones ilegales no solo desafían las normas, sino que también crean un lío que afecta incluso la señal de telefonía móvil. Es como si tu celular empezara a jugar a las escondidas con la señal, cobrándote como si estuvieras en el extranjero, aunque estés en tu propia casa. ¡Una locura!

Entonces, ¿qué pasa cuando se trata de regular esta danza caótica? Los problemas se multiplican y, a veces, las soluciones parecen tan escurridizas como el agua en un desierto. Las negociaciones entre los reguladores de ambos países son como una novela sin final feliz, llena de promesas incumplidas y acuerdos a medias. Y frente a todo esto, la seguridad nacional se tambalea, como un edificio en una tormenta, por culpa de las interferencias y el fraude.

En este caos, conoceremos a Sofía Álvarez, una ingeniera de telecomunicaciones dominicana apasionada y determinada. Sofía ha dedicado su vida profesional a tratar de desenmarañar el enredo del espectro radioeléctrico en la frontera. Para ella, cada frecuencia es una historia y cada interferencia, un desafío personal. Su misión es clara: restaurar el orden en este mar de ondas invisibles, aunque eso signifique enfrentarse a intereses poderosos y encarar dilemas éticos que pondrán a prueba su integridad.

Jean-Marc Boyer, un periodista haitiano, es otro personaje clave en esta historia. Desde su pequeña estación de radio en Haití, ha visto de cerca cómo las interferencias no solo afectan la comunicación, sino también la vida cotidiana de las personas. Jean-Marc está decidido a sacar a la luz las irregularidades y la corrupción que permiten la existencia de estas emisoras ilegales. Su investigación no solo lo pondrá en peligro, sino que también lo llevará a descubrir una red de corrupción que involucra a figuras poderosas en ambos países.

Ana Alcántara, una abogada especializada en telecomunicaciones, entra en escena para mediar en esta complicada situación. Ana ha trabajado tanto en la República Dominicana como en Haití, y su conocimiento de ambos sistemas legales es determinante para buscar soluciones. Pero su implicación va más allá del ámbito profesional: su amistad con Sofía y su incipiente romance con Jean-Marc añaden una dimensión personal a su lucha. Juntos, intentarán enfrentar las amenazas invisibles que acechan a ambos países, mientras lidian con sus propios conflictos internos y la presión de intereses externos.

Así que prepárate para sumergirte en esta historia de ondas sin límites, donde la magia del espectro radioeléctrico se encuentra con el caos fronterizo. Te invito a descubrir cómo, en esta batalla por el control del aire, el reglamento se convierte en una mera sugerencia y las frecuencias se transforman en el campo de juego de unos y otros. ¡Acompáñame en esta travesía y descubre cómo las ondas invisibles pueden ser las protagonistas de una historia tan real como enredada!

Capítulo 1: La saturación del aire

Al pensar en fronteras, lo primero que viene a la mente suelen ser montañas, ríos o incluso una línea en un mapa. Pero en la frontera dominico-haitiana, el verdadero límite no está marcado por muros o vallas, sino por una maraña de ondas invisibles que se mueven como si estuvieran en una pista de baile. Aquí, el espectro radioeléctrico se convierte en una fiesta de frecuencia donde cada señal intenta hacerse notar, pero todas terminan chocando y pisándose los pies como en una coreografía mal ensayada.

Sofía, la ingeniera de telecomunicaciones dominicana, conoce este caos de primera mano. Desde su pequeña oficina en Dajabón, ha pasado incontables horas monitoreando las frecuencias y tratando de identificar la fuente de las interferencias que afectan la comunicación en la región. Su trabajo es arduo y, a menudo, frustrante. "Cada día es como un rompecabezas nuevo", piensa Sofía mientras observa las gráficas de espectro en su pantalla.

En Haití, la cosa no está para nada tranquila. Aunque oficialmente hay 251 estaciones de radio en FM, 5 en AM y unas 71 estaciones de televisión operando con su respectivo permiso, el Consejo Nacional de Telecomunicaciones de Haití (CONATEL) se encuentra recibiendo solicitudes de nuevos permisos como si fueran pedidos en una pizzería. Un estudio del propio CONATEL revela que la banda de FM en el área metropolitana de Port-au-Prince está más saturada que el tráfico en hora pico, con un 100 % de ocupación. Y no se queda atrás el Norte, con un 85 %, el Artibonite con un 88 %, y el Sur con un 73 %. A pesar de esta "saturación", todavía hay más de 61 solicitudes para nuevas estaciones de radio y 18 para canales de televisión esperando su turno, como si estuviéramos en una lista de espera para el último concierto de la temporada.

Jean-Marc, el periodista haitiano, está inmerso en la investigación de cómo esta saturación afecta la vida cotidiana de las personas. Desde su pequeña estación de radio en Cap-Haïtien, ha visto de cerca cómo las interferencias no solo entorpecen la comunicación, sino que también son utilizadas por actores malintencionados para propagar información errónea y alimentar conflictos. "La saturación del espectro es más que un problema técnico; es una crisis de información", escribe Jean-Marc en su cuaderno de notas.

Para poner orden en el desorden del espectro radioeléctrico, CONATEL ha decidido tomar cartas en el asunto con las siguientes medidas:

- "Cuando en un área el índice de saturación de una banda de frecuencia supera el 80 %, las futuras asignaciones se harán por licitación. En otras palabras, si ya está lleno, ¡mejor saca tu oferta!"
- "Las frecuencias asignadas y que no se usen en el tiempo permitido por la ley serán automáticamente recuperadas por CONATEL. Así que, si te olvidaste de usar tu frecuencia, ¡no te preocupes! CONATEL se encargará de que no se quede sola por mucho tiempo."

Sin embargo, la historia no termina ahí. Los casos de interferencia, uso no autorizado y cesiones sin estudio previo son más comunes que los memes en las redes sociales, mostrando que CONATEL está un poco perdido en el manejo del espectro. Además de los limitados recursos materiales, las autoridades de CONATEL han admitido que su experiencia en el desarrollo y aplicación de procedimientos de espectro es casi tan básica como el manual de un microondas. Y para añadirle un toque extra a la situación, casi ninguno de los medios de comunicación con licencia vigente sigue los principios y normas internacionales de radiodifusión. ¡Todo un caos radial!

Ana, la abogada especializada en telecomunicaciones es llamada para mediar en esta complicada situación. Ana ha trabajado tanto en la República Dominicana como en Haití, y su conocimiento de ambos sistemas legales es crucial para buscar soluciones. Su implicación va más allá del ámbito profesional, ya que su amistad con Sofía y su incipiente romance con Jean-Marc añaden una dimensión personal a su lucha.

En una reunión en la sede de INDOTEL en Santo Domingo, Ana, Sofía y Jean-Marc discuten las posibles soluciones. "Necesitamos un enfoque binacional para resolver esto", dice Ana, mirando a sus colegas con la seriedad de quien está dando una clase de matemáticas. "La falta de cooperación solo perpetúa el caos y afecta la vida de una gran cantidad de personas."

Sofía asiente con vigor. "No podemos permitir que el espectro siga siendo un campo de batalla. Cada frecuencia es una línea de vida para alguien, ya sea un agricultor que necesita información sobre el clima o una madre esperando noticias de su hijo en el extranjero. ¡Es como si estuviéramos en un juego de béisbol donde cada frecuencia es una base y todos necesitamos llegar a *home* sin que nos hagan *out*!"

Jean-Marc interviene con una sonrisa. "Y no olvidemos el poder de la información. En un país como Haití, donde la estabilidad es frágil, el control del espectro es crítico para evitar la propagación de rumores y desinformación. ¡Estamos hablando de mantener el juego en orden, no de hacer un *strike* con frecuencias!"

La reunión se alarga por horas, con discusiones apasionadas y momentos de tensión, intercalados con la ocasional risa nerviosa. Aunque la solución parece esquiva, la determinación de los tres amigos es más firme que un contrato de arrendamiento. Saben que la solución no será fácil ni rápida, pero están comprometidos a trabajar juntos como si fueran un equipo de superhéroes de las ondas.

Mientras Sofía, Jean-Marc y Ana navegan por el mar de regulaciones y desafíos técnicos, se enfrentan no solo a la saturación del aire, sino también a las fuerzas que buscan mantener el statu quo. La lucha por un espectro ordenado y eficiente es también una lucha por la justicia, la transparencia y el derecho de las personas a una comunicación libre y sin interferencias. En el horizonte, la solución parece tan escurridiza como un lanzamiento de curva, pero la colaboración y el compromiso de estos tres protagonistas prometen un futuro donde las ondas invisibles no sean más un campo de batalla, sino un medio de vinculación y progreso para todos en la isla Hispaniola.

Capítulo 2: Las voces clandestinas

En la frontera entre la República Dominicana y Haití, las ondas de radio no conocen de límites políticos. A menudo, la línea divisoria que separa ambos países se convierte en una zona de guerra invisible donde las frecuencias radioeléctricas se entrelazan en un torbellino caótico. La interferencia de señales radiofónicas y de telefonía móvil es una realidad dolorosa para los residentes de la región fronteriza, quienes sufren una saturación que no solo afecta su entretenimiento, sino también su acceso a información importante.

Sofía está en el centro de esta tormenta. En su oficina en Dajabón, el murmullo constante de las interferencias se convierte en una melodía perturbadora que no cesa. El reloj marca las once de la mañana, pero el trabajo de Sofía parece interminable. Está revisando los informes más recientes que detallan cómo las señales de emisoras haitianas están perturbando las frecuencias dominicanas. "Es un juego de supervivencia", murmura mientras examina un gráfico que muestra la penetración de señales haitianas en territorio dominicano.

Jean-Marc en Haití también está inmerso en la crisis. Mientras investiga para su reportaje sobre el impacto de las interferencias en la vida diaria de los haitianos, se encuentra con historias de frustración y descontento. En la estación de radio donde trabaja, las quejas de los oyentes no cesan. La interferencia de emisoras dominicanas no solo confunde las transmisiones, sino que también contribuye a la desinformación. "La gente quiere escuchar su música, sus noticias, pero lo único que reciben son estáticas y voces entrecortadas", dice Jean-Marc a su equipo mientras prepara su próximo segmento.

El problema es tan grave que ha comenzado a afectar a la telefonía móvil en la zona fronteriza. Documentos de la Cámara de Diputados de la República Dominicana revelan que las llamadas realizadas desde áreas como Hondo Valle, Bánica, Pedro Santana y otras zonas de la frontera son cobradas al costo de una llamada internacional debido al *roaming*. Esto ha generado un malestar considerable entre los residentes, quienes sienten que están atrapados en un limbo tecnológico.

Ana Alcántara, quien ha estado trabajando incansablemente para buscar soluciones legales, se encuentra en una reunión con altos funcionarios del INDOTEL y el CONATEL. La presión es palpable; los diputados han instado al INDOTEL a presionar al CONATEL de Haití para resolver el problema, y de no lograr un acuerdo, dirigirse a organismos internacionales. La abogada se siente atrapada entre la urgencia de encontrar una solución y la realidad de la burocracia.

"La saturación del espectro no solo está deteriorando la calidad de las transmisiones, sino que también está creando una brecha en el acceso a la información", explica Ana durante la reunión. "Necesitamos una estrategia conjunta que involucre tanto a las autoridades dominicanas como haitianas. Si no actuamos rápido, la situación solo empeorará. Y no queremos que esto se convierta en una especie de juego de ping-pong donde todos terminamos con la pelota de la interferencia en la cara."

Sofía recibe una llamada urgente mientras trabaja en su oficina. El INDOTEL ha presentado un informe al Senado en 2017 que revela que 233 emisoras haitianas están penetrando el territorio dominicano con una gran concentración en provincias como Dajabón y Montecristi. Además, se reporta que las emisoras dominicanas también están llegando a Haití. "Esto es insostenible", piensa Sofía mientras prepara su respuesta para el próximo encuentro con los funcionarios de comunicaciones. "Es como si las frecuencias estuvieran en una especie de fiesta sin reglas y nadie quiere irse a casa."

Mientras tanto, Jean-Marc continúa investigando en la frontera. Su último informe revela que de 77 frecuencias en la banda FM en la línea fronteriza Norte, el 58.44 % están ocupadas ilegalmente por estaciones haitianas. En Montecristi, el 64 % de las frecuencias están tomadas por emisoras haitianas, mientras que, en Dajabón, el 44 %. "Esto es una invasión silenciosa", escribe Jean-Marc en su artículo, "pero su impacto es devastador. Es como si estuviéramos jugando un partido de béisbol y el equipo haitiano no entendiera que ya ha pasado su turno de bateo."

Sofía, Jean-Marc y Ana se reúnen finalmente en un punto intermedio para compartir sus hallazgos. Cada uno trae una pieza del rompecabezas que, cuando se coloca en su lugar, revela la magnitud del problema. "Necesitamos actuar ahora", dice Sofía con determinación. "La interferencia no solo está perjudicando las emisiones, está inquietando la vida de cientos de miles de personas. ¡Es como un juego de béisbol donde nadie sabe cuál es la base segura y todos están corriendo al azar!"

Jean-Marc asiente. "La información es poder, y cuando esa información se ve comprometida, todos perdemos. Es como jugar en una liga donde no hay reglas y cada uno decide cuándo batear, sin importar el turno."

Ana está de acuerdo. "Debemos coordinar un enfoque binacional. No podemos permitir que la falta de regulación y control continúe creando esta anarquía en el espectro. ¡No podemos seguir en este desorden como si estuviéramos jugando una partida sin ampáyer!"

El trío se enfrenta a un desafío monumental, pero están decididos a encontrar una solución. Mientras la interferencia sigue impactando a más personas y la frustración crece, Sofía, Jean-Marc y Ana se preparan para la siguiente fase de su lucha. La batalla por el espectro es más que un conflicto técnico; es una guerra por el acceso a la información y la justicia para todos los que viven en la frontera.

Capítulo 3: Amenazas invisibles

La situación entre la República Dominicana y Haití se había convertido en un campo de batalla invisible, con la lucha por el control del espectro radioeléctrico como telón de fondo. Las reuniones diplomáticas se sucedían una tras otra, sin que se lograra un avance significativo, a pesar de las promesas de colaboración y los memorandos de entendimiento firmados en 2007 y 2021.

Jean-Marc, siendo un reconocido periodista haitiano con reputación de buscar la verdad a cualquier costo, se encontraba en el ojo del huracán. Con una pasión ardiente por la justicia y una profunda preocupación por la situación, Jean-Marc había decidido investigar a fondo las interferencias que afectaban tanto a su país como a la República Dominicana. Su determinación lo llevó a descubrir no solo las complicaciones técnicas, sino también las redes de corrupción que alimentaban el caos.

Mientras tanto, Sofía, la ingeniosa ingeniera dominicana, había sido enviada por el INDOTEL para monitorear los avances de las negociaciones y tratar de implementar las medidas acordadas en el memorando de entendimiento. Aunque su trabajo se centraba en la regulación y el cumplimiento de las leyes, sus interacciones con Jean-Marc comenzaron a despertar algo más que un simple interés profesional. La tensión entre ellos, alimentada por la urgencia de resolver una crisis que parecía interminable, pronto se convirtió en una chispa de atracción.

Ana, la estratégica abogada dominicana, estaba en una batalla mediática para mantener a la opinión pública informada sobre el progreso de las negociaciones. Su habilidad para manejar la narrativa y destacar las irregularidades en las comunicaciones entre los países la había puesto en el centro de la controversia. El informe que Ana había publicado sobre la interferencia de emisoras haitianas en el territorio dominicano había generado una ola de reacciones tanto en los medios de comunicación como en los círculos políticos.

Una noche, durante una cena de trabajo en la que Sofía, Jean-Marc y Ana se encontraban, el ambiente se tornó tenso. La cena, organizada para discutir los últimos avances en la negociación, se había convertido en un terreno de pruebas para la relación entre Sofía y Jean-Marc. Mientras debatían acaloradamente sobre los obstáculos que enfrentaban, los sentimientos reprimidos entre ellos comenzaron a emerger.

La conversación se tornó en una mezcla de pasión y frustración. Sofía, cansada de las promesas incumplidas y de los obstáculos políticos, expresó su desilusión y preocupación. Jean-Marc, por su parte, se mostró dispuesto a luchar hasta el final, a pesar de las amenazas que enfrentaba tanto de los grupos corruptos como de los políticos que se beneficiaban del caos.

El momento culminante llegó cuando Ana, cansada de la tensión palpable entre Sofía y Jean-Marc, decidió intervenir. Con un tono más relajado y una sonrisa enigmática, propuso un brindis por la colaboración y la esperanza de que las cosas mejoraran. A pesar de su esfuerzo por desviar la atención, la chispa entre Sofía y Jean-Marc seguía ardiendo.

Los días siguientes trajeron consigo una serie de acontecimientos imprevistos. El informe de Ana reveló una red de operadores ilegales que había estado manipulando las frecuencias en ambos países, exacerbando aún más la crisis. Mientras tanto, Jean-Marc comenzó a recibir amenazas anónimas que ponían en peligro su vida. La corrupción y el caos estaban más cerca de lo que esperaban.

A pesar de los desafíos y los peligros que enfrentaban, Sofía y Jean-Marc encontraron en su relación una fuente de fortaleza. La tensión entre ellos, lejos de ser un obstáculo, se convirtió en una fuerza impulsora que los mantenía unidos en su lucha por la justicia. Juntos, enfrentaron la corrupción, el caos y el drama, mientras la crisis en la frontera seguía sin resolverse y el romance entre ellos florecía a pesar de la adversidad.

El futuro era incierto, pero una cosa era clara: la lucha por el control del espectro radioeléctrico había desencadenado una serie de eventos que cambiarían para siempre las vidas de Sofía, Jean-Marc y Ana. Aún en esta tormenta, encontraron un propósito común y un vínculo que trascendía las fronteras y los conflictos, desafiando las amenazas invisibles que acechaban desde las sombras.

Capítulo 4: Diálogo en el silencio

El silencio del despacho de Sofía era abrumador. La luz tenue del escritorio iluminaba sus documentos y el ordenador, donde los informes sobre las interferencias y las violaciones del espectro radioeléctrico estaban apilados. La tensión en el aire era palpable, ya que la reciente resolución de suspender las autorizaciones de radiodifusión había generado un caos en todo el sector.

Sofía había estado trabajando incansablemente desde la llegada de las modernas unidades móviles del INDOTEL para monitorear y resolver interferencias. Aunque la tecnología prometía ser la solución definitiva, la realidad en el terreno seguía siendo desalentadora. La resolución 056-18 había sido necesaria para corregir distorsiones, pero la situación en la frontera con Haití seguía siendo crítica.

En ese contexto, la relación entre Sofía y Jean-Marc se había vuelto más compleja. La chispa que había encendido entre ellos en la cena de trabajo ahora se transformaba en una llama que no podían ignorar. Cada encuentro entre ellos estaba cargado de emociones intensas, pero el caos de la situación no les daba tregua.

Jean-Marc, al igual que Sofía, se encontraba en pleno torbellino. La investigación sobre las interferencias no solo le había llevado a descubrir redes de corrupción, sino también a enfrentarse a la creciente frustración de la gente en Haití, que veía cómo sus frecuencias eran manipuladas y mal gestionadas. Con su pasión por la verdad, había estado recopilando pruebas y reportes, mientras su relación con Sofía se convertía en una mezcla de atracción y conflicto.

Una noche, mientras Sofía revisaba un informe técnico en su oficina, recibió un mensaje de Jean-Marc: "Necesito hablar contigo. Es urgente." Sin pensarlo dos veces, Sofía se dirigió al lugar donde se habían citado, una cafetería discreta cerca de la frontera, donde podían conversar sin ser interrumpidos.

Al llegar, encontró a Jean-Marc sentado en una mesa en la esquina, su mirada fija en la ventana. Cuando lo vio, se levantó y la saludó con un abrazo que estuvo cargado de una intimidad que ambos habían comenzado a compartir.

"Necesitamos hablar sobre lo que está ocurriendo," dijo Jean-Marc con una seriedad que Sofía no había visto antes. "Hay cosas que están saliendo a la luz y que pueden cambiar todo."

Sofía se sentó, sintiendo el peso de la preocupación en su pecho y pensando "¿qué descubrió?"

Jean-Marc tomó una respiración profunda antes de hablar. "Hay una red de operadores ilegales que está exacerbando la crisis. He encontrado evidencia de que algunos de estos grupos están vinculados a políticos corruptos tanto en Haití como en la República Dominicana. Esto está incidiendo en el espectro radioeléctrico y en la vida de miles de personas en ambos lados de la frontera."

Sofía asimiló la información, mientras una oleada de angustia y determinación la invadía. "Tenemos que hacer algo. Pero no sé si podemos confiar en las autoridades para actuar."

Jean-Marc se inclinó hacia ella, su voz suave pero cargada de urgencia. "Necesitamos una estrategia, algo que pueda llevarse a cabo sin levantar sospechas. Y también necesitamos enfrentar lo que sentimos."

Las palabras quedaron en el aire, suspendidas en un instante de silenciosa complicidad. La tensión entre ellos se convirtió en una corriente eléctrica que sutilmente podían sentir. Jean-Marc tomó la mano de Sofía, y fue un contacto envuelto en una mezcla de ansiedad y deseo.

"Lo que estamos enfrentando es más grande de lo que imaginamos," dijo Jean-Marc, su mirada penetrante. "Y no sé si podríamos salir de esto sin la fuerza que encontramos el uno en el otro."

Sofía lo miró a los ojos, su corazón latiendo con una intensidad que se mezclaba con la preocupación por el caos que los rodeaba. "Lo que siento por ti ha crecido a pesar de todo esto. Pero no podemos permitirnos distraernos. Si no resolvemos esta crisis, todo lo que estamos construyendo puede desmoronarse."

El ambiente en la cafetería se volvió un escenario de emociones en conflicto, mientras los dos se enfrentaban no solo a una crisis internacional, sino también a los sentimientos que habían surgido entre ellos. La cercanía de Jean-Marc, su presencia reconfortante y apasionada, hizo que Sofía sintiera una mezcla de esperanza y miedo.

El reloj avanzaba lentamente mientras discutían los planes para abordar la situación. La necesidad de encontrar una solución urgente y el creciente vínculo entre ellos se entrelazaban en una narrativa de amor y caos. Cada palabra intercambiada, cada gesto, parecía cargar un peso emocional que ambos estaban dispuestos a explorar, a pesar de las dificultades que enfrentaban.

Al salir de la cafetería, la noche estaba tranquila, pero la promesa de lo que podría ser un futuro juntos en este caos también estaba presente. El diálogo en el silencio entre Sofía y Jean-Marc había sido más que una conversación sobre la crisis; había sido un encuentro que selló un vínculo profundo a pesar de las circunstancias.

Capítulo 5: La torpeza de los gigantes

La tensión en la oficina del INDOTEL era palpable. Sofía, con su cabello suelto y los nervios a flor de piel, se sentó frente a su computadora, revisando los últimos informes sobre las interferencias radioeléctricas. Las luces parpadeantes de la pantalla reflejaban en sus ojos cansados. Sabía que la situación era crítica, pero lo que más la inquietaba era el silencio ensordecedor de los organismos internacionales que parecían ignorar los reclamos de la República Dominicana.

En Port-au-Prince, un periodista investigativo observaba con preocupación el mapa de interferencias que le había enviado la ingeniera Álvarez. Su relación con ella se había profundizado, no solo por la profesionalidad compartida, sino también por una creciente atracción que ambos intentaban ocultar entre las largas horas de trabajo. A medida que avanzaba en su investigación, el periodista Boyer descubrió algo alarmante: las interferencias no solo eran causadas por emisoras haitianas desreguladas, sino también por una red de operadores que trabajaban en las sombras, con un control casi total sobre las frecuencias que no debían estar bajo su dominio.

La situación llegó a un punto crítico cuando una llamada urgente de Sofía interrumpió la calma de la noche. Su voz temblaba mientras le contaba a Jean-Marc sobre una amenaza directa contra su vida, recibida a través de un mensaje anónimo. La amenaza no solo era contra ella, sino también contra el informe trascendental que estaba preparando para presentar a los organismos internacionales.

La noticia llegó a oídos de la directora de operaciones del INDOTEL, quien estaba en una reunión de emergencia con los líderes del organismo. Mientras se discutía la apática actitud de los reguladores internacionales, la directora tenía una conversación clandestina con la ingeniera analista. "No podemos permitirnos que esto termine en desastre. Necesitamos un plan para exponer a los responsables y obtener una respuesta rápida," dijo la directora, sus ojos reflejando una mezcla de determinación y miedo.

La noticia sobre la amenaza llegó al periodista Boyer, quien, al escuchar el peligro inminente que corría Sofía, decidió actuar. Se infiltró en un evento de alta gama en Port-au-Prince, donde descubrió a un grupo de individuos sospechosos, claramente involucrados en la red de interferencia. Entre ellos estaba un alto funcionario de CONATEL, cuya presencia en el evento solo confirmaba las sospechas del periodista.

Mientras tanto, la analista y la directora preparaban una presentación de emergencia para los organismos internacionales, mostrando pruebas irrefutables del sabotaje y la corrupción. Sin embargo, la amenaza contra la analista se intensificó, llevándola a tomar medidas extremas para protegerse, incluida la contratación de seguridad privada.

El clímax de este episodio llega cuando, durante una reunión secreta entre la analista, la directora y los representantes internacionales, un ataque sorpresivo interrumpe la sesión. La sala se llena de caos, y Sofía se encuentra cara a cara con su atacante, descubriendo que es alguien de confianza que ha estado filtrando información esencial a los operativos ilegales.

Jean-Marc llega justo a tiempo para rescatar a Sofía, y en el proceso, ambos enfrentan sus sentimientos reprimidos ante un peligro inminente. La tensión y el romance se entrelazan mientras luchan juntos, no solo por sus vidas, sino por la justicia que parece tan esquiva.

Con la situación bajo control, al menos por ahora, la analista y el periodista se encuentran abrazados, conscientes de que su vínculo ha crecido mucho más allá de una simple colaboración profesional. Mientras tanto, la directora continúa con la tarea de asegurar que el informe llegue a las manos correctas, intentando mantener la esperanza viva de que la apática actitud de los reguladores internacionales finalmente cambie.

Capítulo 6: Ecos de fraude

La noche había caído sobre la frontera, y el aire se sentía tenso en el salón de conferencias de la oficina de INDOTEL. La preocupación se palpaba en el ambiente mientras los legisladores y los representantes de los radiodifusores dominicanos discutían fervientemente sobre el impacto de las emisoras haitianas en la seguridad y cultura de la República Dominicana.

Ana, con la mente aún ocupada por las recientes revelaciones, observaba la reunión desde una esquina del salón. Sus pensamientos se dirigían hacia la creciente preocupación por la transculturación que se estaba produciendo en la franja fronteriza, un tema que se había convertido en una alarma para el Estado. La resolución de la Comisión Permanente de Transporte y Telecomunicaciones del Senado había sido clara: el impacto cultural de las interferencias haitianas estaba alterando la identidad dominicana en las provincias fronterizas.

Sofía estaba a su lado, escuchando atentamente a los oradores y tomando notas meticulosas. Jean-Marc, que se encontraba en una esquina cercana, intercambiaba miradas de preocupación con Ana. La tensión entre ellos era palpable, alimentada por la intriga y el sentimiento de urgencia que los rodeaba. La presencia de Jean-Marc había añadido un nuevo nivel de intensidad a la situación, y su relación con Sofía estaba evolucionando de maneras inesperadas.

El ambiente se volvió aún más cargado cuando el discurso de un exlegislador invitado a los debates destacó la importancia de los medios de comunicación en la formación de la conciencia ciudadana y la preservación de la identidad nacional. La preocupación por la influencia haitiana y la transculturación era evidente en sus palabras.

"Estamos en una encrucijada", dijo el legislador. "La influencia de las emisoras haitianas está desbordando nuestras fronteras, no solo en términos de interferencia, sino también en la cultura y la identidad de nuestra juventud. Necesitamos actuar con firmeza para proteger nuestra soberanía y garantizar la integridad cultural de nuestra nación.

Ana Alcántara, como abogada que era, sintió el peso de esas palabras. Sabía que la situación requería una respuesta urgente y efectiva. La lucha no solo era por el control del espectro radioeléctrico, sino también por la preservación de la identidad cultural dominicana.

La reunión continuó hasta tarde, y cuando finalmente se dispersaron los asistentes, Ana y Sofía se dirigieron hacia la salida. Jean-Marc las siguió, observando el cansancio en sus rostros y el peso de la preocupación en sus ojos.

En el vestíbulo del edificio, mientras esperaban el transporte, Jean-Marc se acercó a Sofía con un gesto preocupado. La conversación entre ellos se tornó más íntima a medida que las luces del vestíbulo parpadeaban. Jean-Marc tomó la mano de Sofía, dándole un apretón suave.

"Sabes que estás haciendo un gran trabajo", le dijo con sinceridad. "Pero también sé que esto está afectándote más de lo que parece".

Sofía miró a Jean-Marc con una mezcla de gratitud y vulnerabilidad. Sus ojos se encontraron, y el mundo exterior parecía desvanecerse. En ese momento, las preocupaciones y la tensión desaparecieron por un instante, dejándolos en un espacio privado y lleno de emociones.

Jean-Marc se inclinó hacia Sofía, y sus labios se encontraron en un beso suave y lleno de promesas. Fue un beso cargado de emoción, un reflejo de su complicidad natural y del apoyo que se brindaban mutuamente en esta crisis. Las caricias disimuladas de sus manos en la oscuridad del vestíbulo añadieron una capa de intimidad a su relación, un consuelo en el núcleo del caos.

Ana, al observar la escena desde una distancia discreta, sintió una punzada de tristeza y soledad. La cercanía entre Sofía y Jean-Marc era evidente, y aunque no era el momento para envidias, no podía evitar sentir que también deseaba un vínculo así, una relación interesante en aquella situación.

Finalmente, el transporte llegó; Ana, Sofía y Jean-Marc lo abordaron, cada uno inmerso en sus propios pensamientos. La noche estaba cargada de incertidumbres, pero el beso y las caricias compartidas entre Sofía y Jean-Marc les habían traído un destello de esperanza.

El camino hacia Santo Domingo estaba lleno de retos, pero la promesa de enfrentar esos desafíos juntos, de luchar por la soberanía y la identidad cultural, mantenía viva la llama de su determinación. La batalla por la soberanía no solo era un enfrentamiento político, sino también una lucha personal por la conexión y el propósito en el centro del tumulto.

Capítulo 7: Soberanía en juego

Días después, Ana Alcántara se encontraba cerca del borde fronterizo, observando el paisaje que se extendía frente a ella. La situación era complicada, como intentar resolver un rompecabezas de 1000 piezas con solo 999 piezas disponibles. La interferencia de las señales haitianas, el fraude telefónico y las tensiones culturales estaban creando un entorno tan enredado que parecía un laberinto de minotauro. La última reunión con los funcionarios había sido un torbellino de discusiones y propuestas, similar a tratar de resolver un cubo Rubik en un tornado.

La solución parecía estar en un acuerdo bilateral que permitiría una coordinación más efectiva entre INDOTEL y CONATEL, pero las diferencias y la falta de compromiso de los funcionarios haitianos estaban poniendo en peligro cualquier avance significativo. Mientras la abogada revisaba los últimos informes, pensó en las implicaciones de las recientes decisiones dominicanas: la transición a la televisión digital, la implementación de 5G y la reforma del Plan Nacional de Asignación de Frecuencias. "¡Es como intentar montar un rompecabezas con piezas de diferentes cajas!" pensó con una sonrisa irónica.

Pero la frontera también era un lugar de sorpresas. Ana había pasado la tarde trabajando en un taller con varios colegas y funcionarios, y uno de los nuevos participantes era un especialista en telecomunicaciones que había llegado recientemente desde Haití. Su nombre era Olivier Vincent.

Olivier era un hombre enigmático, con una mirada profunda y una presencia calmada que atraía la atención de quienes lo rodeaban, como si fuera el protagonista de una novela de misterio. A diferencia de muchos de sus colegas, él parecía genuinamente interesado en encontrar soluciones y había demostrado un enfoque innovador en la resolución de problemas técnicos. Ana se sorprendió al descubrir que compartían una pasión por la tecnología y la resolución de conflictos.

En un momento durante el taller, mientras discutían los detalles técnicos de la transición a la televisión digital, Ana y Olivier encontraron un rincón tranquilo en el patio del edificio. La conversación comenzó de manera formal, pero pronto se convirtió en una charla relajada sobre sus intereses y pasiones.

"No puedo creer lo rápido que el tiempo pasa cuando hablas con alguien que realmente entiende el desafío", dijo Ana con una sonrisa cansada. "Nunca he conocido a alguien que se tome tan en serio la resolución de estos problemas. ¡Es como encontrar a un compañero de juego en una sala de escape!"

Olivier la miró con una sonrisa cálida, sus ojos reflejando una mezcla de admiración e interés. "A veces, las soluciones más efectivas vienen de una verdadera comprensión del problema. Encontrar a alguien con quien compartir esa comprensión hace toda la diferencia, como descubrir que estás jugando al mismo juego y no a una versión diferente."

La conversación fluyó de manera natural, y Ana se dio cuenta de que Olivier no solo era un colega valioso, sino también alguien con quien podría conectar a un nivel más personal. Su humor, su inteligencia y su manera de ver las cosas ofrecían una perspectiva fresca y alentadora ante la creciente frustración, como una ráfaga de aire fresco en un día caluroso.

A medida que el día avanzaba, el sol comenzaba a ocultarse detrás de las montañas, y el cielo se tornaba de un color cálido y dorado, como si estuviera intentando ocultar las complicaciones del día con una capa de brillo. Ana y Olivier se encontraron caminando juntos hacia un pequeño café en la frontera, un lugar acogedor que ofrecía un respiro de la tensión diaria. El café era tan acogedor que parecía haber sido diseñado para ser el antídoto perfecto contra cualquier drama político.

Mientras compartían una taza de café, Ana notó cómo Olivier miraba el horizonte con una expresión pensativa, como si estuviera tratando de resolver el cubo Rubik de la vida mientras contemplaba el atardecer. Era evidente que estaba profundamente comprometido con la resolución de los problemas que enfrentaban, y su entusiasmo era contagioso, como si estuviera tratando de convencerla de que la solución estaba en el fondo de su taza de café.

"A veces me pregunto si realmente lograremos resolver todo esto", dijo Ana con un tono reflexivo, como si estuviera intentando descifrar el enigma del universo. "Parece que siempre hay un nuevo obstáculo, como si estuviéramos en una versión de la vida real de un videojuego de aventuras."

Olivier le tomó la mano suavemente, un gesto inesperado pero lleno de calidez. "No importa cuán grande sea el obstáculo, siempre hay una manera de superarlo. Y si encontramos a las personas adecuadas, puede que incluso descubramos soluciones que no habíamos considerado antes. Y si toda falla, siempre podemos intentar un plan B con café extrafuerte."

La mano de Olivier sobre la de Ana era un pequeño consuelo en esas circunstancias. Aunque su toque era sutil, había una conexión palpable entre ellos, como si estuvieran sincronizados en una danza de resolver problemas y compartir café. La conversación continuó, cada palabra y cada sonrisa construyendo un puente entre sus corazones, como si estuvieran tratando de construir una pasarela de esperanza en un mar de obstáculos.

En un momento de intimidad compartida, mientras la luz de la tarde se desvanecía, Olivier se inclinó hacia Ana y sus labios se encontraron en un beso suave pero significativo. Fue un beso que prometía más, como si hubiera una oferta especial en el menú de su relación, que hablaba de esperanza y de la posibilidad de un futuro compartido. La conexión entre ellos era más que una simple atracción; era un entendimiento mutuo y una profunda admiración que había surgido casi sin darse cuenta, como un postre sorpresa al final de una cena complicada.

Ana se sintió confundida pero emocionada. El beso no solo era un consuelo ante la presión y la frustración, sino también un recordatorio de que, a pesar de los desafíos y obstáculos, había momentos de belleza y conexión genuina que podían emerger incluso en las circunstancias más difíciles. Era como encontrar un diamante en una bolsa de piedras.

La noche avanzó y Ana se despidió de Olivier con la promesa de que continuarían trabajando juntos para resolver los problemas que enfrentaban. A medida que se alejaba, no podía evitar sentir una mezcla de esperanza y expectativa sobre lo que el futuro les depararía, como si estuviera en la víspera de una nueva aventura con un compañero inesperado.

Mientras el sol se ocultaba en el horizonte, Ana se dio cuenta de que el viaje hacia la resolución de los problemas de telecomunicaciones y la preservación de la identidad cultural era solo una parte de su historia. La otra parte, la que había comenzado con Olivier, era una nueva aventura llena de posibilidades y descubrimientos personales, como una segunda temporada de una serie que prometía ser aún mejor.

Capítulo 8: Obstáculos al futuro

La fría brisa del atardecer acariciaba la piel de Ana mientras observaba la vista panorámica desde el mirador de su oficina en Santo Domingo. Las luces de la ciudad empezaban a titilar, pero su mente estaba lejos, en las noticias que acababa de recibir: la interferencia que habían detectado se originaba en el noroeste de Haití, en una de las zonas más caóticas y descontroladas del país vecino.

En el corazón de Puerto Príncipe, Sofía estaba inmersa en el tráfico infernal de la ciudad. Cada bocinazo parecía ser un grito desesperado en la cacofonía de la capital. Su mente también se encontraba en otra parte, en la reciente publicación de CONATEL sobre la suspensión de cinco estaciones de radio piratas. La noticia, aunque bien recibida, parecía insuficiente para el tamaño del problema. Las interferencias de estas emisoras ilegales estaban entorpeciendo el transporte aéreo y, además, contribuyendo al caos general en la región fronteriza.

Jean-Marc, quien estaba al tanto de los movimientos políticos y económicos, estaba preparando su siguiente artículo mientras el sol se escondía en el horizonte. Con un toque de incertidumbre, sabía que las revelaciones de esa noche podrían cambiar el curso de los eventos. Sin embargo, había algo más que lo inquietaba: una serie de mensajes anónimos que recibía de fuentes desconocidas, sugiriendo que las estaciones de radio piratas no eran el único problema. Se hablaba de corrupción interna y de complicidades que iban más allá de lo evidente.

Una noche, mientras Ana se sumergía en un informe de impacto sobre las interferencias, recibió una llamada inesperada. La voz al otro lado de la línea era la de Sofía, que sonaba tan preocupada que parecía estar llamando desde una montaña rusa ante el paso de una tormenta.

"Ana, necesitamos hablar", dijo Sofía con urgencia. "Las medidas actuales no están funcionando. La situación se está agravando y hay algo que no me cuadra. Creo que alguien está saboteando intencionalmente nuestros esfuerzos."

Ana sintió una punzada en el corazón, como si alguien le hubiera lanzado una bola curva sin previo aviso. La voz de Sofía transmitía una mezcla de desesperación y algo más que Ana no podía identificar, como si estuvieran en un thriller de espías y la trama acabara de dar un giro inesperado. Quedaron en encontrarse al otro día en un restaurante dominicano de comida criolla cercano a la frontera, un lugar que prometía más sabor que soluciones inmediatas.

El encuentro en el restaurante típico fue algo tenso. Sofía, con el ceño fruncido y la actitud de alguien que ha perdido la partida en un juego de ajedrez, y Ana, con la mente aún aturdida por la carga de trabajo, se enfrentaron a la dura realidad. Jean-Marc se unió a la conversación, revelando que había encontrado evidencia de corrupción interna en el CONATEL y que los problemas eran mucho más profundos de lo que se había reportado oficialmente.

"¿Cómo es posible?", preguntó Ana, tratando de procesar la información como si estuviera descifrando un código secreto en un menú de restaurante. "Hemos estado trabajando bajo la premisa de que el problema se solucionaría con medidas técnicas y reguladoras."

Jean-Marc se inclinó hacia adelante, con un destello de determinación en los ojos que podría haber deslumbrado incluso al más cínico. "No es solo un problema técnico. Hay intereses ocultos que están manipulando la situación para su propio beneficio. Y lo peor es que están usando las interferencias como una cortina de humo para encubrir sus verdaderos objetivos. Es como si estuviéramos en una película de acción y el enemigo tuviera más trucos bajo la manga que un mago en Las Vegas."

Sofía miró a Jean-Marc con una mezcla de sorpresa y desconfianza, como si acabara de descubrir que el postre de su menú era en realidad una broma de mal gusto. "¿Y qué podemos hacer al respecto?", preguntó Sofía. "No podemos luchar contra fantasmas."

Jean-Marc tomó la mano de Sofía, buscando consuelo en su contacto como si ella fuera el último salvavidas en una tormenta de papeles y complicaciones. "Podemos empezar por sacar a la luz la verdad. Pero necesitamos hacerlo con cuidado. Hay quienes no quieren que se descubra lo que está pasando. Es como tratar de desactivar una bomba sin saber si está conectada a un temporizador."

La tensión entre Ana, Sofía y Jean-Marc se palpaba en el aire. El romance entre Sofía y Jean-Marc estaba creciendo de una manera inesperada, como si estuvieran participando en una comedia romántica con un guion lleno de imprevistos. Sus miradas se encontraron con un entendimiento mutuo, y en un momento de silencio, supieron que estaban en esto juntos, como un equipo de superhéroes en busca de su misión final.

Mientras el acogedor local se vaciaba y las luces de la frontera se encendían, la determinación de Ana, Sofía y Jean-Marc se solidificaba. El trabajo que tenían por delante sería peligroso, lleno de desafíos y traiciones, pero estaban listos para enfrentarlo con más valor del que uno podría tener después de una maratón de café y confusión. La verdad necesitaba ser revelada, y estaban dispuestos a arriesgarlo todo para lograrlo.

Epílogo: Un futuro en las ondas

Mientras el sol se oculta en el horizonte, tiñendo el cielo con matices de oro y rosa, Sofía y Jean-Marc se encuentran de pie en la terraza del viejo edificio de la estación de radio. Sus manos, entrelazadas, transmiten una calidez que solo el verdadero amor puede ofrecer, como si estuvieran tratando de compartir calor después de un día en el que se olvidaron de subir la calefacción. La intensidad de sus miradas revela una pasión que ha florecido en la adversidad, marcando el comienzo de una relación que promete ser tan duradera como el amor que ahora comparten, y tan resistente como el pegamento de alta resistencia.

Ana y Olivier, en cambio, se encuentran en una pequeña cafetería cerca del borde de la frontera, donde el café es tan fuerte que podría desenterrar tus emociones enterradas de un solo sorbo. Sus ojos se encuentran y se sostienen en un beso lleno de promesas y emociones contenidas. La conexión entre ellos es palpable, como si hubieran encontrado en el otro el refugio que siempre habían buscado, y como si cada café que se sirven juntos tuviera el poder mágico de hacer que los problemas del mundo se vuelvan más pequeños, o al menos más digeribles.

El crepúsculo avanza, y el silencio es interrumpido solo por el murmullo distante de las radios y las conversaciones a la sombra de las estrellas. Saben que es un momento culminante que resalta no solo la evolución de sus historias románticas, sino también el desafío continuo que enfrenta la República Dominicana en su lucha por mantener la soberanía del espectro radiofónico. Es como si el universo hubiera decidido ofrecer un interludio romántico antes de lanzarles la siguiente bola curva en el juego de la vida. ¡Un respiro antes de la siguiente ronda de caos!

La realidad del espectro radiofónico en las regiones fronterizas entre la República Dominicana y Haití es una maraña de problemas complejos, como tratar de resolver un cubo Rubik en un torbellino. La saturación de frecuencias, exacerbada por la radiodifusión ilegal y el uso excesivo de potencias, plantea un grave riesgo para la seguridad nacional. Las interferencias afectan no solo a la telefonía móvil y la radiodifusión, sino también a la aeronavegación, dejando a la República Dominicana vulnerable a amenazas que podrían comprometer su integridad, como si estuvieran jugando una partida de escondidas con los problemas más difíciles.

La limitada capacidad de interlocución binacional, la apatía de los reguladores internacionales y los fraudes en las telecomunicaciones son problemas que persisten, perturbando la inversión y la implementación de tecnologías avanzadas como el 5G y la Televisión Digital Terrestre (TDT). La falta de acción efectiva y la negligencia en la regulación no solo afectan a los residentes fronterizos, sino que también limitan las oportunidades para un desarrollo equitativo y sostenible en la región. Es como si el reloj estuviera corriendo en contra y el tiempo para poner las cosas en orden se estuviera agotando, como en una carrera contra reloj que no se sabe si termina en un final feliz o en una película de suspenso.

La historia de amor de Sofía y Jean-Marc, y la conexión renovada entre Ana y Olivier, sirven como un recordatorio de que incluso en situaciones de conflictos y dificultades, el amor y la esperanza pueden prosperar. Y mientras la noche cae, dejando un manto de estrellas sobre la frontera, el futuro sigue siendo incierto, pero lleno de posibilidades. La historia de nuestros personajes nos invita a seguir luchando, a mantener la fe en la resolución de los problemas y a no olvidar nunca que, en el interior de cada desafío, puede surgir una oportunidad para el amor y la unidad. Porque al final del día, si se puede encontrar un motivo para sonreír en el caos, eso es todo un logro. ¡Como encontrar una aguja en un pajar y luego descubrir que la aguja también sirve para coser el pajar!

www.ingramcontent.com/pod-product-compliance
Lightning Source LLC
Chambersburg PA
CBHW031514210526
45464CB00007B/2909